NOTICE HISTORIQUE
SUR
L'ABBÉ ROZIER.

NOTICE HISTORIQUE

SUR

L'ABBÉ ROZIER,

Par M. COCHARD,

MEMBRE DE L'ACADÉMIE DE LYON.

LYON,

IMPRIMERIE DE D.-L. AYNÉ,

RUE DE L'ARCHEVÊCHÉ, N. 3.

1832.

NOTICE HISTORIQUE

SUR

L'ABBÉ ROZIER.

Un ami des sciences et des arts, M. Bonafous, a conçu le projet généreux d'élever un monument à la gloire de l'un de nos compatriotes, l'abbé Rozier, célèbre par ses travaux agronomiques, et qu'une mort violente a enlevé, il y a trente-huit ans, au milieu de sa carrière. Dans ce but, M. Bonafous a destiné une somme de 300 francs à un prix en faveur de celui qui, au jugement de l'académie de Lyon, aurait loué avec le plus d'éloquence et de vérité cet homme de bien, dont la vie entière a été employée à étendre les progrès de l'agriculture. Un seul mémoire a été envoyé au concours, il n'a point rempli les espérances de l'académie qui a soumis le même sujet à un nouveau concours et a doublé le prix proposé d'abord [1].

Comme citoyen, comme allié de l'abbé Rozier, j'ai désiré que son éloge fût complet, qu'il fît connaître parfaitement les rares qualités qui distinguaient cet écrivain laborieux. Pour parvenir à ce résultat, j'ai jugé à propos en rappelant le mérite de ses ouvrages de mettre au jour

[1] Le prix doit être décerné dans la séance publique de l'académie, au mois d'août 1832.

quelques-unes des actions de sa vie recueillies soit dans ses écrits, soit dans les conversations particulières que j'ai eues avec ce savant ou avec sa famille. Ces sortes d'anecdotes ont le double avantage de répandre de l'intérêt sur des productions naturellement un peu arides et de faire ressortir les vertus de l'homme que l'on présente à l'estime publique. J'ai pensé que ce tableau esquissé avec exactitude serait d'un grand secours aux hommes de lettres qui voudront entreprendre de concourir.

François Rozier[1] naquit à Lyon le 23 janvier 1734. Antoine Rozier son père, d'une famille originaire de Vienne (Isère), fut contrôleur provincial des guerres au département de Touraine qui donnait la noblesse héréditaire par une postulation de vingt ans. Comme cette place était toute honorifique, il mit à profit son temps en se livrant à surveiller ses propriétés rurales situées à Ste-Colombe et St-Cyr, sur la rive droite du Rhône.

On a dit que deux jésuites, le P. Mongez et le P. Millot, avaient dirigé le jeune Rozier dans la carrière des lettres. Le fait n'est pas exact, le P. Mongez a bien professé au collége de la Trinité, à Lyon, la rhétorique, non pas à la même époque que le P. Millot, mais ils n'ont compté, ni l'un ni l'autre, Rozier dans leurs classes. Le P. Mongez, dont le frère avait épousé la sœur de notre savant, a pu lui inspirer dans des conversations particulières le goût des lettres ; ce qu'il y a de certain, c'est qu'il n'a jamais été son professeur.

Rozier, après avoir quitté le collége de Villefranche, où il avait commencé ses études sous la direction de l'abbé Vidal, vint faire son cours de philosophie et de théologie au séminaire de Saint-Irénée, à Lyon. M. de Vaugimois

---

[1] Et non Jean, comme le nomme la *Biographie universelle ;* l'auteur du *Précis hist. de la franc-maçonnerie* l'appelle aussi Jean-Baptiste-François.

qui en était le supérieur présagea ses succès, et l'encouragea de tout son pouvoir. Il se rendit ensuite à Valence; il fut reçu maître-ès-arts à l'université de cette ville, le 31 juillet 1752, et il y obtint le bonnet de docteur le 3 août 1755.

Pendant le cours de ses études, il mettait à profit le temps des vacances qu'il passait régulièrement à Sainte-Colombe, pour recueillir quelques notions sur les travaux de l'agriculture; il observait tous les travaux, les usages, interrogeait les paysans les plus instruits; le chirurgien du lieu, M. Bert, avait un penchant décidé pour la botanique; il cultivait même dans un petit jardin qu'il possédait une foule de plantes médicinales dont il trouvait l'emploi dans les remèdes qu'il préparait pour ses malades. Le jeune Rozier se lia intimement avec lui, l'accompagnait dans ses courses d'herborisation, et apprenait, à son exemple, à composer un herbier, à distinguer les différens genres de plantes, et à s'instruire de leurs vertus, et de leur efficacité.

Son penchant pour l'étude lui fit embrasser la carrière ecclésiastique, lorsqu'il fut en âge de choisir un état, comme l'unique moyen de suivre avec plus de facilité le plan de vie qu'il avait adopté.

L'abbé Rozier n'a point été, comme on l'a dit, le fermier de son frère. Mais à la mort du père commun, leur mère absorbée par les soins de son commerce, utilisa les connaissances de son troisième fils en agriculture; elle lui confia l'administration de ses propriétés rurales; l'ordre qu'il y mit, les innovations qu'il introduisit dans la manière de cultiver, surtout dans l'art de faire le vin, lui firent obtenir un revenu supérieur à ce qu'il était auparavant. Aussi son frère le pria-t-il après la mort de leur mère de continuer à gérer ses immeubles, et il s'en acquitta avec un zèle soutenu pendant plusieurs années. Quelques légères discussions brouillèrent un instant les deux frères; ils se séparèrent; mais l'abbé était incapable de conserver de la rancune. Il écrivit à son aîné la lettre suivante, qui peint mieux que tous les discours la franchise de son caractère et la bonté de son cœur.

« Je sens parfaitement les obligations que je t'ai ; tu ne
» me devais rien, et tu m'as tenu chez toi pendant dix
» ans à une pension modique que tu pouvais exiger plus
» forte, mais que mes facultés ne m'auraient pas mis en
» état de payer. Je n'oublie pas les procédés honnêtes,
» mon cœur y est sensible et aime à se les rappeler. Je
» me ressouviens trop bien du moment de vivacité que
» j'ai eu vis-à-vis de toi ; j'en ai rougi après, et il n'était
» plus temps. Permets que je te témoigne ici toute l'éten-
» due de ma reconnaissance et que je te proteste que tu
» n'as pas obligé un ingrat. Il viendra peut-être un temps
» où le sort moins cruel nous réunira tous, je le désire
» avec empressement, tu me ferais une injure d'en douter. »

Ces lignes, écrites sans prétention et avec tout l'abandon de l'amitié fraternelle, révèlent une belle ame, et donnent une haute idée des qualités morales de celui qui les a tracées ; sa vie entière confirme la vérité de ce noble caractère ; aussi Rozier fut digne d'avoir des admirateurs, des protecteurs, des amis.

Dans ce nombre il faut compter Latourrette, célèbre botaniste, le docteur Gilibert, Bourgelat, qui venait de fonder à la Guillotière l'établissement de l'école vétérinaire, Villermoz, médecin, savant physicien, Parmentier, etc. Bourgelat reconnut si bien tout le mérite de Rozier, qu'appelé à Paris pour organiser une seconde école vétérinaire dans le château d'Alfort, il désigna, en 1765, l'abbé pour le remplacer comme directeur à la Guillotière ; mais ils ne tardèrent pas à se diviser ; Bourgelat voulait que Rozier suivît exactement les réglemens qu'il avait donnés à l'école. Et ce dernier s'en écartait, pour porter l'attention des élèves sur l'étude des plantes. L'un ne considérait que les progrès de l'hippiatrique ; l'autre désirait aussi en faire une école rurale ; quelques lettres un peu vives de part et d'autre furent suivies de la destitution de l'abbé Rozier, que Bourgelat obtint du ministre Bertin, et qu'il fit lire en présence de tous les élèves. Cette révocation, arrivée en 1766, ne découragea point le jeune Rozier, et quoique les expériences agronomiques auxquelles il s'était livré pendant qu'il restait auprès de son frère, eussent absorbé une partie de sa légitime, il reprit avec une nouvelle ardeur ses travaux scientifiques, et jetant le voile d'oubli sur l'injustice commise à son égard, il n'en publia pas moins, l'année même de sa disgrace, les *Démonstrations élémentaires de botanique*, qu'il avait composées de société avec Latourrette, pour l'usage des élèves de l'école vétérinaire. C'est par de nouveaux bienfaits, que l'homme supérieur se venge de l'ingratitude qu'on lui manifeste.

Le but d'utilité de cet ouvrage n'est point douteux; aussi a-t-il été réimprimé plusieurs fois [1].

La société royale d'agriculture de Limoges ayant établi dans cette même année 1766 un concours sur la question suivante : « Quelle est la manière de brûler ou de distiller les vins la plus avantageuse, relativement à la quantité et à la qualité de l'eau-de-vie, et à l'épargne des frais; » Rozier s'empressa de traiter avec une supériorité remarquable cette question : aussi son mémoire fut-il jugé d'une voix unanime digne du premier prix [2].

L'académie de Marseille proposa en 1769 la solution de ce problême : « Quelle est la meilleure manière de faire et de gouverner les vins de Provence, soit pour l'usage, soit pour leur faire passer les mers; » Rozier, auquel ces questions étaient familières, se mit sur les rangs pour con-

---

[1] La première édition sortit des presses de Bruyset, à Lyon, en 1766, 2 vol. in-4, 25 exemplaires, et en in-8, 3 vol. M. Gilibert en publia aussi une quatrième édition en 1796.

[2] Imprimé à Lyon. Bruyset, in-8, 1770.

courir, et sa dissertation, qui offrait une foule de vues nouvelles, de faits importans, mérita l'honneur d'être couronnée. On voit dans le chap. 3 le détail d'une série d'observations sur le degré de fermentation que le vin de la récolte de 1769, recueilli dans les vignobles de son frère, appelés *la Tivarde* et *la Chapuise*, avait subi, et l'influence que la chaleur de l'atmosphère, au jour de la vendange, avait occasionée sur la fermentation.

Ce mémoire, d'abord imprimé dans le recueil des travaux de l'académie de Marseille, fut ensuite réimprimé en 1772 avec trois dissertations du plus grand intérêt. La première, sur les moyens employés pour renouveler une vigne; la seconde, sur les usages économiques des différentes parties de la vigne, et la troisième, sur les vaisseaux propres à contenir, à perfectionner le vin, et sur les objets qui y ont rapport. Cet ouvrage de 350 pages in-8, renferme tout ce que l'on peut désirer sur l'art de faire le vin et les moyens de le conserver; c'est un véritable traité ex-professo sur la matière.

Dès l'année 1771, M. l'abbé Rozier s'était convaincu que les huiles d'olive qui se vendaient dans le commerce étaient mélangées avec l'huile de pavot, vulgairement appelée huile d'œillet, ce qui était une source de profits illicites pour les marchands, attendu qu'ils étaient parvenus à faire prohiber, par des lettres-patentes, du 22 décembre 1754, l'usage de l'huile d'œillet pour entrer dans les alimens. M. Rozier établit que cette espèce d'huile ne produisait aucun effet nuisible, que son mélange avec l'huile d'olive était sans danger, et que la prohibition de l'huile d'œillet pour entrer dans les alimens gênait le commerce, nuisait à l'agriculture et entraînait la fraude.

L'ouvrage qu'il composa à ce sujet, sur la meilleure manière de cultiver la navette et le colzat et d'en tirer une huile capable de se conserver dépouillée de mauvais goût, occasiona une révolution dans cette partie; les lettres-patentes furent rapportées, le commerce de l'huile rendu libre, la culture du chou colzat et de la navette plus généralement pratiquée, et l'on eut moins besoin de tirer de l'étranger de l'huile d'olive, parce que celle d'œillet suppléait au déficit. Le mémoire fut soumis, à la fin de 1771, à l'académie des sciences, qui nomma le célèbre Lavoisier et M. Macquer pour en faire un rapport; il eut lieu le 26 mars 1774, et confirma dans tous ses points la justesse des raisonnemens de l'auteur[1].

C'est cette même année 1771 que Rozier fut nommé à la place de chevalier de l'église de Lyon, et qu'il acheta de Gautier d'Agotaz le privilége du *Journal de physique et d'histoire naturelle*. Il en fit paraître le premier numéro le 1er juillet. Ce journal, dans ses mains, acquit la plus grande vogue, parce qu'il eut soin de l'enrichir d'observations importantes et de découvertes du plus grand intérêt. Ce journal fut traduit en allemand et répandu dans toute l'Europe. Il le céda dans la suite à l'abbé Mongez, l'un de ses neveux, qui le garda peu de temps. S'étant attaché à une plus grande entreprise, il suivit comme savant le célèbre Lapeyrouse dans ses voyages maritimes, et partagea son malheureux sort.

Rozier mit au jour en 1774 un mémoire sur la manière de se procurer différentes espèces d'animaux, de les préparer et de les envoyer des pays que parcourent les voyageurs.

Il s'occupait à la même époque d'un travail ingrat; mais dont le but d'utilité n'était pas moins évident; c'était une table des Mémoires de l'académie des sciences de Paris. Il la publia en 2 vol. in-4, en 1775 et 1776.

Turgot étant parvenu au ministère, chercha à utiliser les vastes connaissances de Rozier, il l'envoya dans l'île

---

[1] Il fut publié en 1774, *Paris*, in-8, 159 pages et 80 d'avant-propos.

de Corse pour examiner quels établissemens l'on pourrait y fonder, propres à développer l'agriculture et le commerce. Il partit de Paris le 4 octobre 1775, parcourut la province, fit des observations, qu'il rédigea sous la forme de mémoires, traça une carte du pays, et revint en France au mois de mai suivant, apportant le recueil d'un nombre infini d'améliorations qu'il projetait d'introduire dans l'île ; mais le fruit de ses veilles fut enfoui à son arrivée, dans les cartons. Turgot avait quitté le ministère, et son successeur désapprouvant des idées qu'il n'avait point conçues, ne donna aucune suite aux grandes vues proposées par Rozier.

Celui-ci entreprit, dans le seul but de la science, en 1777, un voyage dans la Hollande avec Desmarets de l'académie des sciences. Son projet, en visitant ce pays industrieux, était de connaître les diverses machines mécaniques que l'on employait dans les manufactures dont il est peuplé, surtout d'étudier les procédés en usage pour la fabrication des huiles. Son voyage ne fut point infructueux ; il publia, la même année, la *Description d'un moulin hollandais*, d'un mécanisme très-ingénieux pour la fabrication des huiles [1], et fit plus, il l'importa dans la suite en Languedoc, et naturalisa ainsi dans nos contrées un instrument extrêmement avantageux.

Les différens ouvrages, les palmes académiques qu'il avait recueillies, ses rapports intimes avec la plupart des savans de l'Europe, son adoption en qualité d'associé-correspondant à plusieurs sociétés littéraires et agri-

---

[1] Cette description d'abord imprimée dans le *Journal de physique*, le fut ensuite séparément, in-4 de 21 liv. avec cette épigraphe :

Nisi utile est quod facimus, stulta est gloria.
Phœd., lib. 3, fab. 17.

coles¹, fondèrent sa réputation d'une manière durable... Aussi J. J. Rousseau étant venu à Lyon en 1769 recherche Rosier; ils firent ensemble différentes herborisations dans les environs de cette ville. Ils les poussèrent même jusqu'à la grande Chartreuse.

La fortune sembla lui sourire un instant; ses protecteurs sollicitèrent vivement les grâces de la cour en faveur d'un savant aussi laborieux. A la fin il obtint, au mois de décembre 1779, sa nomination au prieuré de Nanteuil-les-Haudoin, qu'il a conservé jusqu'à la révolution. On attribue cette nomination à la puissante protection qu'accordait le roi Stanislas de Pologne à Rozier; d'autres à la duchesse Damville. Ce bénéfice, qui lui assurait pour le reste de ses jours une certaine aisance, le mit en mesure de réaliser un projet qu'il avait conçu depuis plusieurs années, celui de se retirer à la campagne, de s'y livrer à

---

¹ Il était de diverses académies et sociétés d'agriculture.

Académies ou sociétés littéraires.

De Villefranche, 25 août 1770.
De Lyon, 9 novembre 1771.
De Dijon, 26 février 1773.
De Marseille, 21 juin 1773.
De Madrid, 4 juin 1776.
De Stockolm, 2 mai 1778.
Des sciences de Paris, 21 août 1783.
De Mantoue, 30 août 1789.
De Grenoble, 15 mars 1790.
De Rouen.
De Nîmes.

Sociétés d'agriculture.

De Lyon.
Economique de Berne, 18 oct. 1765.
De Florence, 9 avril 1767.
De Limoges, 16 janvier 1768.
De physique de Bâle, 1774.
D'Amsterdam, 28 juillet 1775.
De phys. de Zurich, 27 janv. 1776.
Patriotique de Hesse-Hombourg, 6 mai 1777.
Des curieux de la nature de Berlin, 5 août 1777.
De physique, d'histoire naturelle et des arts d'Orléans, 5 mars 1784.
D'agricult. de Paris, 21 avril, 1785.
Economic libre de Pétersbourg, 8 février 1791.
Des sciences de Montpellier.
De Philadelphie.
De physique de Rotterdam.
Des arts de Londres.

des expériences sur l'agriculture et de répandre le résultat de ses observations, de ses découvertes, de ses investigations, dans un ouvrage qui, sous la forme d'un dictionnaire, contiendrait tout ce qui est relatif à l'agriculture, et les bonifications dont cet art est susceptible.

Son plan arrêté, il cède à son neveu son *Journal de physique*, achète un très-beau domaine appelé Beauséjour, près de Béziers, et va s'y fixer dans le mois de juillet 1780. Il s'empresse aussitôt de publier le *prospectus* de son grand ouvrage, s'associe divers collaborateurs, et ne néglige rien pour donner une nouvelle physionomie à sa propriété, de façon à en tirer le meilleur parti possible.

A peine installé dans son domaine, Rozier s'occupe de plantations utiles, introduit de nouvelles espèces de raisins, et, par d'heureuses innovations, perfectionne le vin et assure à la vigne de nouveaux progrès.

Les vignerons de la côte du Rhône, où est situé le vignoble de Côte-Rôtie, dûrent à Rozier des améliorations importantes sur l'art de conduire et de gouverner le vin; c'est lui qui leur fit connaître l'usage de l'égrappoir, lequel écartant tous les principes d'acidité, donne à cette liqueur une délicatesse, jusqu'alors inconnue. C'est lui qui, témoin de l'altération qu'éprouvaient les vins communs périodiquement et au retour des chaleurs, mit en pratique, soit le soutirage, qui purge le vin de sa lie et prévient de nouvelles fermentations, soit le mutage, par le moyen des mèches soufrées; procédé qui a pour objet de sécher le tonneau de tout l'aqueux qu'il recèle et de donner au vin plus de corps. On ne vit plus dès-lors ce liquide si nécessaire aux besoins de l'homme, sujet à *la pousse*, et périr à la première année, faute de connaître les causes qui amenaient la pourriture. Ceux du Languedoc lui dûrent à leur tour, des espèces de raisins plus analogues au climat qu'ils habitaient, et par conséquent produisant des variétés de vin qui doublaient leurs jouissances; ils lui dûrent encore l'art de fabriquer une huile d'olive excellente, par les procédés qu'il employa, au lieu d'une huile détestable qu'ils obtenaient auparavant.

Ce fut en 1781 [1] que Rozier publia le premier volume de son *Cours complet d'agriculture*, ou *Dictionnaire raisonné de cet art*. L'article *agriculture* y était surtout traité avec une supériorité remarquable; l'idée ingénieuse de diviser la France en quatorze *bassins* s'y trouve consignée pour la première fois. Cet ouvrage eut un succès étonnant; le 2e volume parut en 1782, le 3e et le 4e en 1783, le 5e en 1784, le 6e en 1785, le 7e en 1786, le 8e en 1789, le 9e ne parut qu'après la mort de l'auteur en 1796, et le 10e en 1800 [2].

Pendant qu'il donnait ses soins à la publication de son grand ouvrage, il n'en saisissait pas moins les occasions de traiter les questions intéressantes que les diverses sociétés d'agriculture mettaient au concours. Celle de Lyon ayant proposé, pour sujet de prix en 1782, les questions suivantes : 1re Quelle est la vraie théorie du rouissage du chanvre? 2me Quels sont les meilleurs moyens d'en perfectionner la pratique, soit que l'opération s'en fasse dans l'eau ou en plein air? 3me Quels sont les cas où l'une de ces opérations est préférable à l'autre? 4me Y aurait-il quelque manière de prévenir l'odeur désagréable et les effets nuisibles du rouissage dans l'eau? Ce prix qui devait être distribué en mai 1783, fut prorogé et ne fut décerné que le 12 août 1785. Rozier l'obtint; cependant son triomphe ne fut proclamé qu'à la séance publique du 5 janvier 1787, imprimé la même année. *Lyon*, Perisse, in-8.

[1] Et non pas 1783, comme l'a indiqué Dugour, in-4, *Paris*, Cuchet, fig.

[2] Dom Juan Alvarez Gualza traduisit cet ouvrage en espagnol. Le roi d'Espagne le fit répandre dans les Colonies.

Il ne jouit pas long-temps de la tranquillité qu'il s'était promise, en achetant le domaine de Beauséjour, la jalousie de quelques hommes médiocres lui occasiona des désagrémens. Il éprouva même de la part de l'évêque de Béziers des tracasseries extrêmement mortifiantes; il avait été chargé, par un grand nombre de propriétaires, de représenter à ce prélat que la direction d'un chemin que l'on avait entrepris d'ouvrir, serait plus avantageuse à l'intérêt public, si on la faisait passer auprès d'un hameau habité par plusieurs familles, plutôt que de la diriger comme l'évêque le désirait auprès d'une ferme isolée. Le prélat eut assez de crédit pour faire adopter le plan qu'il avait conçu, et suscita quelques désagrémens à l'abbé. Celui-ci se détermina à vendre son domaine de Beauséjour, et à venir fixer son domicile à Lyon. Ce fut dans le mois d'octobre 1786 [1] qu'il quitta Béziers. Arrivé dans sa patrie, il acheta une maison à laquelle était attaché un jardin au haut de la Grande-Côte ; il fit graver sur la porte d'entrée ce précepte de Virgile qu'on y lit encore :

Laudato ingentia rura exiguum colito. (Georg. II, 412).

Ses concitoyens se plurent à l'accueillir de la manière la plus distinguée. Le chapitre de St-Paul le nomma chanoine d'honneur de son église ; l'assemblée provinciale de la généralité de Lyon, dans la séance du mois de novembre 1787, le choisit sur la proposition de l'archevêque Montazet, pour remplacer l'abbé de Grezoles, qui avait donné sa démission de membre de cette assemblée. Il fut attaché au bureau du bien public. A la séance du 12 novembre, on annonça que l'abbé Rozier devait ouvrir, le

[1] Et non pas 1788, comme l'indique l'auteur de l'article ROZIER *Dictionnaire biographique.*

1ᵉʳ décembre, un cours public et gratuit sur la culture des arbres fruitiers et forestiers. Son zèle ne connaissait point de bornes, lorsqu'il s'agissait de quelque chose d'utile à son pays; il proposa de choisir, dans chacun des six arrondissemens de la généralité, deux cultivateurs intelligens, qui seraient envoyés aux frais de la province pour suivre ce cours pendant un an. L'assemblée remercia M. Rozier de ses soins, mais ajourna la dernière proposition, attendu le défaut de crédit pour cet objet. Cependant M. l'intendant loua à Vaize, pour établir la pépinière, un clos dans lequel était un bâtiment propre à faire le cours et à recevoir les élèves. Cette école gratuite pour la culture des arbres et l'instruction des jardiniers et des cultivateurs n'occasiona en cinq années qu'une faible dépense de 12,861 fr. 7 s. Cette école, la première en ce genre, formée dans le Royaume, comme s'exprime le procès-verbal de l'assemblée provinciale, produisit le meilleur effet, elle répandit plus généralement le goût de la plantation et de l'éducation des arbres, multiplia en France une foule d'arbres précieux pour le charronage et l'ébénisterie, améliora diverses espèces de fruits, procura les moyens de boiser les grandes routes, ainsi que les chemins vicinaux et communaux. Presque tous les élèves qui suivirent le cours de l'abbé Rozier se distinguèrent, la plupart formèrent même des pépinières particulières. Depuis cette époque, le nombre des jardiniers s'est de beaucoup augmenté, et l'art du pépiniériste est devenu, pour la France, une nouvelle branche d'industrie infiniment lucrative.

On le vit s'occuper avec la même ardeur de tout ce qui concernait la bienfaisance, il fut appelé à faire partie des sociétés fraternelles et philantropiques qui s'organisèrent en 1789, et dont le but était de distribuer des secours aux malheureux que la rigueur du froid plongeait dans une misère affreuse. Il fut nommé président de la section de la Grande-Côte, 1re division, et il s'employa avec le plus grand zèle à remplir la tâche qui lui était imposée, il visitait chaque jour tous les réduits de l'indigence de son quartier, y portait des soulagemens et des consolations, et devint pour eux une seconde providence.

Dans une autre circonstance, il manifesta son penchant à la charité. Pendant la nuit du 16 au 17 septembre 1788, une maison située au haut de la Grande-Côte près des portes de la Croix-Rousse, habitée par 14 ménages, vient à écrouler. L'abbé Rozier dont la maison est à cent pas de là, est éveillé; il accourt, et, par son exemple, son courage, sa présence d'esprit, sauve une partie des malheureux ensevelis sous les ruines de la maison. Il y périt trois personnes, et trois autres seulement furent blessées. Sa généreuse compassion ne se borna pas à ces premières démonstrations; il quêta des aumônes auprès des personnes aisées, et contribua lui-même de sa bourse à secourir ces infortunés dans leurs besoins.

La révolution, qui tarda peu à se manifester, mit la bonté de son cœur à de rudes épreuves; tandis qu'elle lui enlevait tous ses bénéfices, et qu'elle ne lui laissait d'autre ressource que le fruit de son travail, ses charges augmentaient; il avait auprès de lui une de ses sœurs qui avait renoncé au mariage pour ne pas le quitter, et était chargée du soin de faire les honneurs de sa maison; une autre de ses sœurs devint veuve, privée de tous moyens de subsister, et chargée de deux enfans. L'abbé Rozier s'empressa de leur offrir un asile.

Ses revers n'abattirent point son ame; il trouva dans la culture des sciences et des arts, des moyens de distraction qui allégeaient ses peines; ainsi on créa pour lui, en 1791, une chaire d'agriculture à l'institut établi au collége de la Trinité. Il en professa le cours avec un talent et une assiduité remarquables.

Comme nous ne devons d'ailleurs considérer l'abbé

Rozier que comme agronome, nous laisserons de côté tout ce qui concerne sa vie ecclésiastique, et nous nous transporterons de suite à l'époque de sa mort, qui eut lieu en 1793, pendant le fameux siége que soutint, dans cette année, la ville de Lyon.

Il passa tous les jours que dura le siége dans des tribulations continuelles; il voyait les malheurs de son pays, et ne pouvait y apporter aucun soulagement; il était pour les infortunés l'ange de consolation. Mais dans la pénurie qu'on éprouvait de toutes choses, il était difficile de se procurer les objets de première nécessité, et il souffrait plus pour les autres que pour lui, de toutes les privations qu'il fallait s'imposer; sans cesse en activité, il ne négligeait aucun moyen d'être utile, on le rencontrait dans tous les lieux où il y avait du bien à faire; sa dernière action peint seule sa constante bonté : il cède sa chambre à un de ses amis qui ne dormait pas depuis plusieurs jours, et il se relègue dans celle de sa sœur, placée sous les toits; c'était le 29 septembre 1793; pendant cette fatale nuit, le bâtiment de l'oratoire, à côté de l'église de St-Polycarpe où logeait le curé, fut criblé par une bombe, 24 tombèrent sur cet édifice, et l'un de ces terribles projectiles atteignit l'abbé Rozier, et dispersa son corps en lambeaux. Ainsi se termina, à 59 ans, la carrière de cet écrivain utile, de ce savant qui donna un si grand essor à l'agriculture, et lui imprima une impulsion qui a contribué à son perfectionnement, d'un homme, enfin, dont toutes les pensées, toutes les actions, tous les écrits ne respiraient que l'amour de la patrie, la propagation des lumières, le bonheur de l'humanité. Les débris de son cadavre furent recueillis le lendemain et déposés dans l'église de St-Polycarpe.

Son domicile livré, pour ainsi dire, aux soins du premier occupant ne fut point à l'abri de l'avidité de quelques spoliations. Nombre de livres et de mémoires surtout disparurent, entre autres les articles vin et vigne destinés pour son dictionnaire, auxquels je l'avais vu travailler quelques mois avant sa mort, et que je savais être achevés [1]. On ne trouvera pas dans sa bibliothèque un seul exemplaire de son *Cours d'agriculture*, ni un seul exemplaire du *Théâtre d'agriculture d'olivier de serre*, quoiqu'il eût rassemblé toutes les éditions publiées de cet intéressant ouvrage, et que la plupart eussent reçus de lui de nombreuses notes. (Dans l'avis, en tête du septième volume de son *Cours d'agriculture*, il annonce qu'il donnera une nouvelle édition du *Théâtre d'agriculture* avec des notes.)

L'exorde d'un sermon sur la mort, fut recueilli sur son bureau; j'ai eu le bonheur de le conserver. Il y a lieu de croire que l'abbé Rozier s'était occupé de traiter ce sujet extraordinaire le jour même où il périt, comme s'il eût eu le pressentiment du sort funeste qui lui était réservé; j'ai cru que l'on ne serait point fâché de connaître ce fragment, et je le rapporte ici textuellement.

« Je ne suis donc dans ce moment qu'un composé de
» poussière organisée, animée par un souffle de vie! Dès
» que ce souffle s'éteindra, je ne serai plus qu'un amas de
» putréfaction en proie à la voracité des vers qui, ainsi
» que moi, finiront par n'être plus qu'un peu de pous-
» sière. Quelle humiliante vérité! Quand commencera
» pour moi ce jour qui n'aura plus de lendemain, où toute
» mon existence cessera?... L'idée de ma destruction, de
» ma mort, va m'apprendre à vivre, et l'idée et le tableau
» de la vie, vont m'apprendre à mourir. Pourquoi tient-
» on si fort aux jouissances de la vie et si peu aux prati-
» ques de ses devoirs? c'est qu'on ne réfléchit pas que
» l'acquisition de ces biens est incertaine, que leur pos-

---

[1] Ces deux articles, imprimés dans son *Cours d'agriculture*, ont été rédigés par M. Chaptal, sur les notes de l'abbé Rozier.

» session est courte et que leur perte, quoique plus ou
» moins retardée, n'en est pas moins certaine. Réflé-
» chissons et reconnaissons ensemble ces trois principes.
» La certitude de la mort ne nous fait-elle pas connaître
» combien l'acquisition des biens de la vie est incertaine ?
» La proximité de la mort, ne nous démontre-t-elle pas
» combien la possession des biens de la terre est courte.
» Enfin, la nécessité de la mort ne nous prouve-t-elle
» pas que la perte des biens de la vie est tôt ou tard as-
» surée ? Quelle conséquence devons-nous tirer de ces
» principes ? que, pour bien vivre, il faut apprendre à
» bien mourir, c'est-à-dire, à apprécier à leur juste va-
» leur les biens de la terre ; mais que, pour apprendre à
» bien mourir, il faut connaître et apprécier, pendant sa
» vie, la différence qu'il y a entre les biens éternels que
» la religion nous assure, et les biens passagers et illu-
» soires de cette vie. »

C'est ainsi qu'au moment de cesser son existence l'abbé Rozier méditait sur le voyage effrayant que nous sommes tous appelés à faire, et cherchait à se former une idée exacte de la fragilité des biens terrestres comparés à ceux de l'éternité.

Je ne dois pas omettre, en parlant de la mort de cet agronome célèbre, un trait singulier qui lui arriva vers la fin du mois d'avril de l'année 1793. Il était descendu à Sainte-Colombe pour bénir l'union que je formai avec sa nièce, et son séjour dura une semaine. Un soir que nous étions tous rassemblés dans le salon, je m'avisai de lui demander s'il désirait que je lui fisse connaître sa bonne fortune ; il se prêta à la plaisanterie, et me dit qu'il serait bien aise de savoir de quelle mort il mourrait. Je lui fis tirer un numéro, et je consultai un ouvrage intitulé l'oracle des sybilles dont j'étais pourvu ; la réponse à la question fut qu'il serait tué d'un boulet de canon ; cette prédiction extraordinaire excita un rire général ¹ ; allons, mon frère, s'écria l'une de ses sœurs, il faut espérer que sur tes vieux jours tu seras à la tête de quelque régiment ; alors on ne prévoyait pas le siége de Lyon ; cependant, cinq mois après cette prophétie, cet homme de bien est emporté, non pas par un boulet de canon, mais par l'éclat d'une bombe, et le même jour, il avait échappé à la mort, en sortant de son cabinet, au moment où un boulet renversait sa croisée. Sans attacher à ce fait aucune importance, il faut convenir néanmoins qu'il est bien singulier.

Il aimait avec passion ses frères et ses sœurs, et s'attachait à entretenir parmi eux la plus grande harmonie. « Tâchez, écrivait-il à une de ses sœurs qui avait quelques discussions avec son frère, tâchez de vous tous raccommoder. Cette division entre frères et sœurs empoisonne mes jours et surtout si elle fait éclat dans le public ; si vous êtes sages vous ne l'en instruirez pas. »

Ce savant laborieux dont la vie entière avait été consacrée aux sciences, aux lettres et aux bonnes œuvres, mourut presque sans fortune. Sa sœur, la fidèle compagne de ses travaux, trouva à peine dans la vente de sa bibliothèque de quoi se récupérer de sa légitime, et tandis que des pirates en littérature se gorgeaient des fruits de ses veilles ², cette même sœur végétait dans une pénurie extrême. Le gouvernement, sollicité de venir au secours de cette infortunée, par toutes les administrations de Lyon, n'accordât qu'un secours de 1200 francs, en l'an 7, payable par tiers à trois époques. Le ministre François de Neuf-

---

¹ Le docteur Eynard a rapporté à M. Péricaud aîné, mon estimable confrère, qu'après le 29 mai 1793, l'abbé Rozier, se trouvant avec quelques amis, on parlait de la possibilité d'un siége, et l'on se demandait comment tout cela finirait... « Par un éclat de bombe, » répliqua Rozier.

² Soit par des contrefaçons, soit en donnant à ses ouvrages une autre forme.

château, en annonçant à l'administration centrale du Rhône, le 19 pluviôse an 7, cet acte de justice, s'exprime ainsi :
« Un funeste événement a enlevé un de vos concitoyens
» aux sciences qu'il cultivait et à l'agriculture qu'il perfec-
» tionnait. C'est honorer sa mémoire que de récompenser
» dans la personne de sa sœur, les travaux utiles auxquels
» elle a coopéré : c'est répondre aux vœux de son cœur,
» c'est acquitter la dette de la patrie. » Mlle Rozier n'a dû qu'à sa famille les secours que réclamaient ses besoins et ses infirmités.

Feller attribue à Rozier le *Manuel du jardinier*, mis en pratique pour chaque jour de l'année 1795, 2 vol. in-18, et l'auteur de la *Biographie universelle* lui attribue également une *Dissertation sur les aérostats des anciens et des modernes*, par A. G. Ros... *Genève* et *Paris* 1784, 2 vol. Mais je crois que l'un et l'autre de ces ouvrages ne sont point sortis de sa plume. On doit regretter une autre perte occasionée sans doute par l'absence de surveillance de son domicile au moment de sa mort ; c'est un discours sur la manière d'étudier l'agriculture, dont il avait donné une idée dans son article *agriculture*, et qui devait couronner d'une manière toute scientifique le bel ouvrage qu'il avait élevé au premier des arts. Ce travail précieux était terminé depuis long-temps et a disparu ainsi que son article *vin*.

Il tenait plus qu'il n'avait promis dans le *prospectus* de son *Cours d'agriculture*; il ne devait donner que de 20 à 25 feuilles par volume, et il en a constamment publié de 30 à 36.

Telles sont les principales actions qui constituent la vie de Rozier, elles suffisent pour lui assigner un rang distingué parmi les agronomes célèbres et pour recommander son nom à la postérité ; elle sera plus juste à son égard que ses contemporains. La ville de Lyon a fait inaugurer son buste, sculpté par Chinard, dans le jardin des Plantes, le 11 août 1812 ; une de ses rues porte le nom de Rozier. La société d'agriculture a décoré son jeton et sa médaille d'encouragement du portrait de cet homme studieux [1]; mais aucun monument, aucune inscription n'indique le lieu où reposent ses cendres. Les Anglais placent la tombe de leurs grands hommes auprès de celles de leurs souverains; et le Français, si reconnaissant, néglige de consacrer un souvenir à la dépouille mortelle de ses plus illustres citoyens; espérons que désormais la patrie rendra à leur mémoire le tribut d'honneurs qu'ils ont droit d'en attendre; car la récompense la plus flatteuse, à laquelle aspirent ceux qui servent bien leur pays, est tout entière dans l'estime et la considération publiques.

COCHARD,
De l'Académie de Lyon.

[1] L'administration centrale du Rhône prit un arrêté, le 9 prairial an 7, par lequel elle commit le docteur Gilibert, professeur d'histoire naturelle à l'école centrale de Lyon, pour découvrir et constater le lieu où les cendres de Rozier avaient été déposées. Le 29 du même mois, elle fit une adresse au conseil des Cinq-Cents, pour demander que les ossemens de Thomas et de Rozier fussent transportés au jardin botanique de Lyon; mais le vœu de la philantropie ne fut point exaucé.

www.ingramcontent.com/pod-product-compliance
Lightning Source LLC
Chambersburg PA
CBHW060532200326
41520CB00017B/5207